Nome:

Professor:

Escola:

Eliana Almeida • Aninha Abreu

Vamos Trabalhar

Raciocínio lógico e treino mental

1

TABUADA

Editora do Brasil

Dados Internacionais de Catalogação na Publicação (CIP)
(Câmara Brasileira do Livro, SP, Brasil)

Almeida, Eliana
    Vamos trabalhar 1: raciocínio lógico e treino mental / Eliana Almeida, Aninha Abreu.
– 1. ed. – São Paulo: Editora do Brasil, 2019.

    ISBN 978-85-10-07437-7 (aluno)
    ISBN 978-85-10-07438-4 (professor)

    1. Matemática (Ensino fundamental) 2. Tabuada (Ensino fundamental) I. Abreu, Aninha.
    II. Título.

19-26129   CDD-372.7

Índices para catálogo sistemático:
1. Matemática : Ensino fundamental 372.7
Maria Alice Ferreira – Bibliotecária – CRB-8/7964

© Editora do Brasil S.A., 2019
Todos os direitos reservados

Direção-geral: Vicente Tortamano Avanso

Direção editorial: Felipe Ramos Poletti
Gerência editorial: Erika Caldin
Supervisão de arte e editoração: Cida Alves
Supervisão de revisão: Dora Helena Feres
Supervisão de iconografia: Léo Burgos
Supervisão de digital: Ethel Shuña Queiroz
Supervisão de controle de processos editoriais: Roseli Said
Supervisão de direitos autorais: Marilisa Bertolone Mendes

Supervisão editorial: Carla Felix Lopes
Edição: Carla Felix Lopes
Assistência editorial: Ana Okada e Beatriz Villanueva
Copidesque: Ricardo Liberal
Revisão: Alexandra Resende e Elaine Silva
Pesquisa iconográfica: Amanda Felício
Assistência de arte: Carla Del Matto e Letícia Santos
Design gráfico: Regiane Santana e Samira de Souza
Capa: Samira de Souza
Imagem de capa: Marcos Machado
Ilustrações: Bruna Ishihara, Eduardo Belmiro, Estúdio Mil, Ilustra Cartoon, Reinaldo Rosa e Ronaldo L. Capitão
Coordenação de editoração eletrônica: Abdonildo José de Lima Santos
Editoração eletrônica: Select Editoração
Licenciamentos de textos: Cinthya Utiyama, Jennifer Xavier, Paula Harue Tozaki e Renata Garbellini
Controle de processos editoriais: Bruna Alves, Carlos Nunes, Rafael Machado e Stephanie Paparella

1ª edição / 5ª impressão, 2024
Impresso na Meltingcolor Gráfica e Editora Ltda.

Editora do Brasil

Avenida das Nações Unidas, 12901
Torre Oeste, 20º andar
São Paulo, SP – CEP: 04578-910
Fone: +55 11 3226-0211
www.editoradobrasil.com.br

abdr
Respeite o direito autoral
ASSOCIAÇÃO BRASILEIRA DOS DIREITOS REPROGRÁFICOS

APRESENTAÇÃO

Com o objetivo de despertar em vocês – nossos alunos – o interesse, a curiosidade, o prazer e o raciocínio rápido, entregamos a versão atualizada da Coleção Vamos Trabalhar Tabuada.

Nesta proposta de trabalho, o professor pode adequar os conteúdos de acordo com o planejamento da escola.

Oferecemos o Material Dourado em todos os cinco volumes, para que vocês possam, com rapidez e autonomia, fazer as atividades elaboradas em cada livro da coleção. Todas as operações e atividades são direcionadas para desenvolver habilidades psíquicas e motoras com independência.

Manipulando o Material Dourado, vocês realizarão experiências concretas, estruturadas para conduzi-los gradualmente a abstrações cada vez maiores, provocando o raciocínio lógico sobre o sistema decimal.

Desejamos a todos vocês um excelente trabalho.
Nosso grande e afetuoso abraço,

As autoras

AS AUTORAS

Eliana Almeida

- Licenciada em Artes Práticas
- Psicopedagoga clínica e institucional
- Especialista em Fonoaudiologia (área de concentração em Linguagem)
- Pós-graduada em Metodologia do Ensino da Língua Portuguesa e Literatura Brasileira
- Psicanalista clínica e terapeuta holística
- *Master practitioner* em Programação Neurolinguística
- Aplicadora do Programa de Enriquecimento Instrumental do professor Reuven Feuerstein
- Educadora e consultora pedagógica na rede particular de ensino
- Autora de vários livros didáticos

Aninha Abreu

- Licenciada em Pedagogia
- Psicopedagoga clínica e institucional
- Especialista em Educação Infantil e Educação Especial
- Gestora de instituições educacionais do Ensino Fundamental e do Ensino Médio
- Educadora e consultora pedagógica na rede particular de ensino
- Autora de vários livros didáticos

DEDICATÓRIA

À minha querida prima, amiga e comadre Lia Ribeiro, obrigada por dividir comigo seu precioso tesouro, nossa Thamires.

Com carinho,
Eliana

"Somos o que repetidamente fazemos. A excelência, portanto, não é um feito mas um hábito."

Aristóteles

Agradeço a Deus e à minha família; sem eles, que são a base da minha vida, não seria possível a realização deste trabalho.

Aninha

SUMÁRIO

Construção do conceito de número

Número 1

Vamos cantar

Pic, pic, picolé
Quantos pics
Você quer?

Um!

1 = um

Atividades

1 Desenhe **1** picolé.

2 Cubra o tracejado do número 1.

1 1 1 1 1 1 1

1 1 1 1 1 1 1

Revisão

Atividade

1 Pinte **1** filhote de cada família.

Número 2

Vamos cantar

Pic, pic, picolé
Quantos pics
Você quer?

Dois!

Atividades

1 Pinte **2** picolés.

2 Cubra o tracejado do número 2.

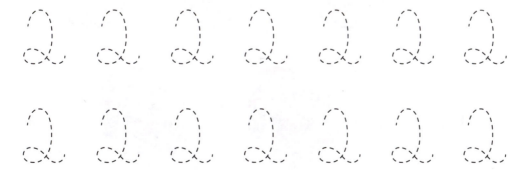

Revisão

Atividades

1 Conte as cerejas e escreva o número correspondente a cada quantidade.

2 Faça desenhos de acordo com a quantidade indicada.

1

2

3 Circule a quantidade de elementos indicada pelos números.

2

1

Número 3

3 = três

Vamos cantar

Pic, pic, picolé
Quantos pics
Você quer?

Três!

Atividades

1 Desenhe até completar **3** picolés.

2 Cubra o tracejado do número 3.

3 3 3 3 3 3 3

3 3 3 3 3 3 3

Revisão

Atividade

1 Conte quantas rodas há em cada veículo e registre o número.

Número 4

Vamos cantar

Pic, pic, picolé
Quantos pics
Você quer?

Quatro!

Atividades

1 Conte e pinte **4** picolés.

2 Cubra o tracejado do número 4.

4 4 4 4 4 4 4

4 4 4 4 4 4 4

Revisão

Atividade

1 Conte e registre a quantidade de personagens de cada cena.

Número 5

5 = cinco

Vamos cantar

Pic, pic, picolé
Quantos pics
Você quer?

Cinco!

Atividades

1 Desenhe **5** picolés.

2 Cubra o tracejado do número 5.

Revisão

Atividade

1 Malu e Tito estão brincando de fazendinha. Conte quantos animais de cada tipo eles têm e registre os números.

Número 6

Vamos cantar

Pic, pic, picolé
Quantos pics
Você quer?

Seis!

Atividades

1 Desenhe até completar **6** picolés.

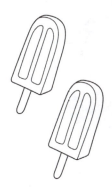

2 Cubra o tracejado do número 6.

Revisão

Atividade

1 Observe a cena, conte os elementos e escreva o número correspondente a cada quantidade.

Escrita dos números

Atividade

1 Pesque o nome dos números no diagrama e escreva-os ao lado deles.

Q	X	Z	Q	I	F	M	C	I	N	C	O
U	B	T	R	Ê	S	P	O	A	H	U	S
A	W	R	C	S	P	Q	K	Q	H	E	E
T	I	R	S	E	V	X	G	S	C	P	G
R	W	N	E	C	A	M	P	G	G	A	H
O	Y	T	I	S	D	O	I	S	B	T	U
S	R	U	S	A	S	Z	Y	W	R	S	M

1 _____   4 _____

2 _____   5 _____

3 _____   6 _____

Número 7

7 = sete

Vamos cantar

Pic, pic, picolé
Quantos pics
Você quer?

Sete!

Atividades

1 Conte os picolés e pinte-os.

2 Cubra o tracejado do número 7.

7 7 7 7 7 7 7

7 7 7 7 7 7 7

Revisão

Atividade

1 Conte quantos brinquedos cada criança tem e escreva os números.

Número 8

8 = oito

Vamos cantar

Pic, pic, picolé
Quantos pics
Você quer?

Oito!

Atividades

1 Conte e circule **8** picolés.

2 Cubra o tracejado do número 8.

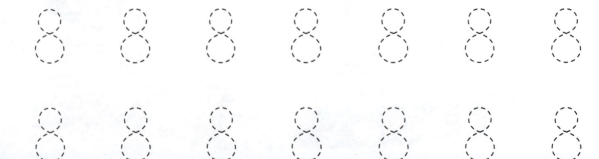

Revisão

Atividades

1 Conte quantas crianças estão jogando e registre o número.

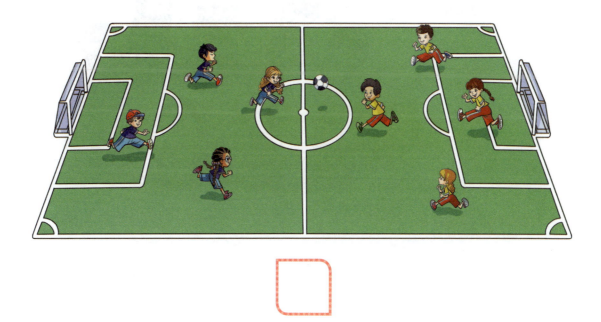

2 Conte os picolés e registre o número.

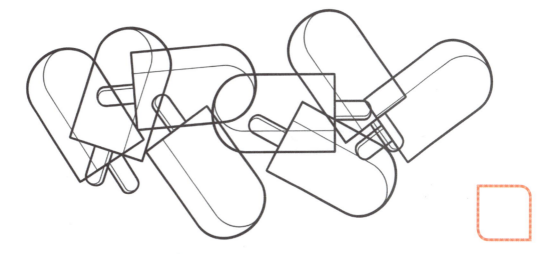

3 Complete a sequência numérica.

1 – 2 – ____ – ____ – ____ – 6 – ____ – ____

Número 9

9 = nove

Vamos cantar

Pic, pic, picolé
Quantos pics
Você quer?

Nove!

Atividades

1 Desenhe **9** picolés.

2 Cubra o tracejado do número 9.

Revisão

Atividade

1 Quantos picolés há de cada sabor? Conte-os e registre os números.

Número 0

Atividades

1 O mágico tentou fazer uma mágica. Quantos picolés ele tirou da cartola?

2 Cubra o número correspondente à quantidade de picolés.

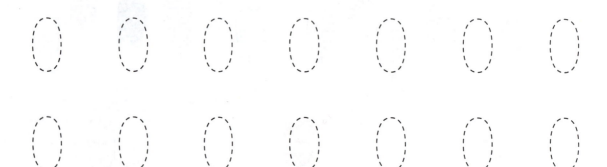

3 Conte os picolés e registre os números.

Algarismos

Os símbolos 0, 1, 2, 3, 4, 5, 6, 7, 8 e 9
são chamados de **algarismos**.
São os primeiros **números naturais**, e com eles podemos
escrever qualquer outro número natural.

Atividades

1 Organize os números na ordem do menor para o maior.

2 Complete o diagrama com o nome dos números.

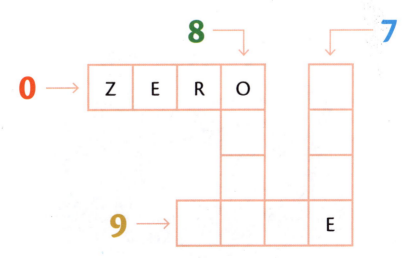

Construção do conceito de unidade e de dezena

Dezena	Unidade
	9

9 unidades

Lê-se: NOVE.

nove

Dezena	Unidade
1 ←	(|||||||||)
1	0

10 unidades

Lê-se: DEZ.

dez

Vamos cantar

Pic, pic, picolé
Quantos pics
Você quer?
– Dez!
– 1, 2, 3, 4, 5, 6, 7, 8, 9, 10!

Dez!

Atividades

1 Conte quantos cubos o mágico retirou da cartola e registre o número.

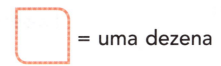 = uma dezena

2 Observe o quadro e continue a atividade. Siga o exemplo.

Dezena	Unidade
I ←	|||||||||||
	I
1	1

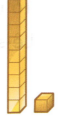

11 unidades

Lê-se: ONZE.

onze

Dezena	Unidade
I ←	||||||||||
	II
1	2

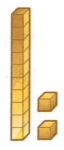

12 unidades

Lê-se: DOZE.

_____

Dezena	Unidade
I ←	ⅠⅠⅠⅠⅠⅠⅠⅠⅠⅠ
	III
1	3

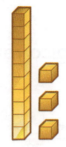

13 unidades

Lê-se: TREZE.

Dezena	Unidade
I ←	ⅠⅠⅠⅠⅠⅠⅠⅠⅠⅠ
	IIII
1	4

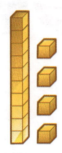

14 unidades

Lê-se: CATORZE.

Dezena	Unidade
I ←	ⅠⅠⅠⅠⅠⅠⅠⅠⅠⅠ
	IIIII
1	5

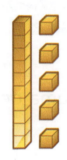

15 unidades

Lê-se: QUINZE.

Dezena	Unidade
I ←	ⅠⅠⅠⅠⅠⅠⅠⅠⅠⅠ
	IIIIII
1	6

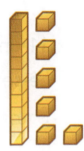

16 unidades

Lê-se: DEZESSEIS.

Dezena	Unidade
I ←	ⅠⅠⅠⅠⅠⅠⅠⅠⅠⅠ
	IIIIIII
1	7

17 unidades

Lê-se: DEZESSETE.

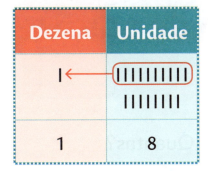

Dezena	Unidade
I	‖‖‖‖‖‖‖ ‖‖‖‖‖‖‖
1	8

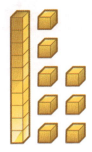

18 unidades

Lê-se: DEZOITO.

_____

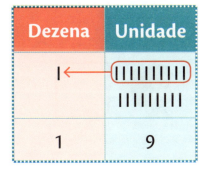

Dezena	Unidade
I	‖‖‖‖‖‖‖‖ ‖‖‖‖‖‖‖‖
1	9

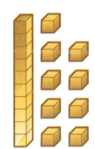

19 unidades

Lê-se: DEZENOVE.

_____

3 Ligue os pontos seguindo a ordem crescente e descubra um animal. Depois, pinte-o.

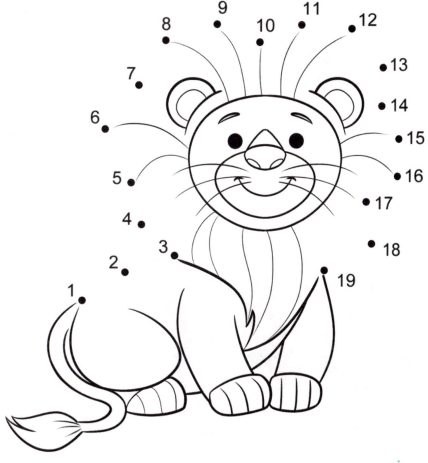

Construção do conceito de adição

Atividades

1 Observe:

■ Quantas?

No total há _____ crianças.

2 Veja:

■ Quantos?

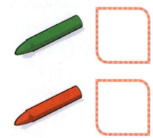

No total há _____ lápis.

3 Observe:

■ Quantos?

No total há _____ skates.

Conceito de adição

Adição é a operação que junta quantidades ou acrescenta uma quantidade a outra.
Sinais utilizados na adição:
+ (sinal de mais);
= (sinal de igual).

Atividades

1 Malu e Tito brincam com bolinhas de gude. Malu tem 4 bolinhas verdes e Tito tem 5 bolinhas azuis.

■ Complete as lacunas com os números correspondentes às indicações e encontre o total de bolinhas que os dois têm juntos.

_____ mais _____ é igual a _____

bolinhas de Malu   bolinhas de Tito   bolinhas de Malu e Tito

■ Represente a operação acima.

_____ + _____ = _____

2 Conte e registre em cada lacuna a quantidade de objetos. Depois, resolva as adições.

a) _____ + _____ = _____

b) _____ + _____ = _____

c) _____ + _____ = _____

 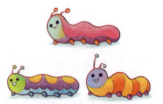

d) _____ + _____ = _____

Tabuada de adição de 1 a 5

5 + 9 = ?

1 + 1 = 2		2 + 1 = 3
1 + 2 = 3		2 + 2 = 4
1 + 3 = 4		2 + 3 = 5
1 + 4 = 5		2 + 4 = 6
1 + 5 = 6		2 + 5 = 7
1 + 6 = 7		2 + 6 = 8
1 + 7 = 8		2 + 7 = 9
1 + 8 = 9		2 + 8 = 10
1 + 9 = 10		2 + 9 = 11

3 + 1 = 4	4 + 1 = 5	5 + 1 = 6
3 + 2 = 5	4 + 2 = 6	5 + 2 = 7
3 + 3 = 6	4 + 3 = 7	5 + 3 = 8
3 + 4 = 7	4 + 4 = 8	5 + 4 = 9
3 + 5 = 8	4 + 5 = 9	5 + 5 = 10
3 + 6 = 9	4 + 6 = 10	5 + 6 = 11
3 + 7 = 10	4 + 7 = 11	5 + 7 = 12
3 + 8 = 11	4 + 8 = 12	5 + 8 = 13
3 + 9 = 12	4 + 9 = 13	5 + 9 = 14

Cálculo mental

Problemas de adição

Atividades

1 Malu gosta de usar laços de fita. Ela tem 3 laços cor-de-
-rosa e 3 laços azuis. Quantos laços de fita Malu tem?

_____ + _____ = _____

Resposta: _____

2 Tito gosta de nadar. Ele já ganhou 5 medalhas de prata
e 4 medalhas de ouro. Quantas medalhas Tito tem?

_____ + _____ = _____

Resposta: _____

3 Lari e Vítor foram à praia. Eles encontraram na areia alguns
elementos do mar. Lari encontrou 8 conchas e Vítor, 5
ouriços. Quantos elementos do mar eles encontraram?

_____ + _____ = _____

Resposta: _____

Revisão

Atividades

1 Encontre no diagrama o nome dos números a seguir.

| 10 | 11 | 12 | 13 | 14 | 15 | 16 | 17 | 18 | 19 |

P	D	E	Z	E	S	S	E	I	S	F	D	E	Z
D	E	Z	E	N	O	V	E	T	V	X	Ç	B	K
V	O	N	Z	E	H	E	P	N	T	M	Q	R	D
Z	X	S	T	V	S	Z	D	C	R	J	U	G	O
J	D	E	Z	O	I	T	O	C	E	H	I	D	Z
Y	C	A	T	O	R	Z	E	N	Z	T	N	R	E
H	R	G	Q	B	D	X	R	L	E	H	Z	N	W
O	D	E	Z	E	S	S	E	T	E	H	E	H	C

Observe:

Na hora do lanche, Malu comeu 2 bananas e Tito comeu
4 bananas. Quantas bananas eles comeram?

$$2 + 4 = 6 \quad \text{ou} \quad \begin{array}{r} 2 \\ + 4 \\ \hline 6 \end{array}$$

2 Resolva as adições seguindo o exemplo acima.

a)
$$\begin{array}{r} 5 \\ + 5 \\ \hline \end{array}$$

b)
$$\begin{array}{r} 6 \\ + 8 \\ \hline \end{array}$$

c)
$$\begin{array}{r} 7 \\ + 5 \\ \hline \end{array}$$

d)
$$\begin{array}{r} 3 \\ + 8 \\ \hline \end{array}$$

Construção do conceito de dezenas exatas de 20 a 50

Atividade

1 Observe o quadro e continue a atividade. Siga o exemplo.

Dezena	Unidade
I	|||||||||
I	|||||||||
2	0

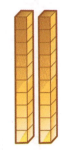

20 unidades

Lê-se: VINTE.

vinte

Dezena	Unidade
I	|||||||||
I	|||||||||
I	|||||||||
3	0

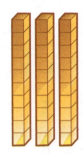

30 unidades

Lê-se: TRINTA.

_____

Dezena	Unidade
I	|||||||||
I	|||||||||
I	|||||||||
I	|||||||||
4	0

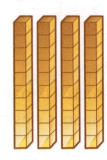

40 unidades

Lê-se: QUARENTA.

_____

Dezena	Unidade
I	|||||||||
I	|||||||||
I	|||||||||
I	|||||||||
I	|||||||||
5	0

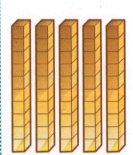

50 unidades

Lê-se: CINQUENTA.

_____

Tabuada de adição de 6 a 10

6 + 9 = ?

6	+ 1	=	7
6	+ 2	=	8
6	+ 3	=	9
6	+ 4	=	10
6	+ 5	=	11
6	+ 6	=	12
6	+ 7	=	13
6	+ 8	=	14
6	+ 9	=	15

7	+ 1	=	8
7	+ 2	=	9
7	+ 3	=	10
7	+ 4	=	11
7	+ 5	=	12
7	+ 6	=	13
7	+ 7	=	14
7	+ 8	=	15
7	+ 9	=	16

8	+ 1	=	9
8	+ 2	=	10
8	+ 3	=	11
8	+ 4	=	12
8	+ 5	=	13
8	+ 6	=	14
8	+ 7	=	15
8	+ 8	=	16
8	+ 9	=	17

9	+ 1	=	10
9	+ 2	=	11
9	+ 3	=	12
9	+ 4	=	13
9	+ 5	=	14
9	+ 6	=	15
9	+ 7	=	16
9	+ 8	=	17
9	+ 9	=	18

10	+ 1	=	11
10	+ 2	=	12
10	+ 3	=	13
10	+ 4	=	14
10	+ 5	=	15
10	+ 6	=	16
10	+ 7	=	17
10	+ 8	=	18
10	+ 9	=	19

Educação financeira

1 Malu e Tito recebem 10 reais de mesada. Circule a cédula que corresponde a esse valor.

Fotos: Banco Central do Brasil

2 Tito consegue economizar 2 reais de sua mesada e Malu, 3 reais. Identifique os cofrinhos com o nome da criança a quem eles pertencem.

_____   _____

3 Observando a atividade anterior, responda: Quem consegue economizar mais?

_____

4 E você, recebe mesada? Consegue economizar? Converse com os colegas e o professor.

Construção do conceito de subtração

Atividades

1 Observe:

- Quantas ((◉)) ? ⬜

2 Observe novamente:

- Quantas ✧ ? ⬜

- Quantas ((◉)) sobraram? ⬜

Conceito de subtração

Subtração é a operação que diminui, tira uma quantidade de outra quantidade.
Sinais que utilizamos:
— (sinal de menos);
= (sinal de igual).

Atividades

1 Tito e Malu estavam brincando.

■ Quantas crianças? ▢

■ Quantas saíram? ▢

■ Complete as lacunas com os números correspondentes para descobrir quantas crianças continuaram na brincadeira.

_____ menos _____ é igual a _____
crianças   criança   crianças

■ Represente a operação acima.

_____ — _____ = _____

2 De uma *pizza* de 8 pedaços, Malu comeu 3. Quantos pedaços de *pizza* sobraram?

_____ – _____ = _____

Resposta: _____

3 No bolo de aniversário de 6 anos de Tito, 2 velas se apagaram. Quantas velas ficaram acesas?

_____ – _____ = _____

Resposta: _____

4 Em um teste, o carro tinha de passar por 5 cones sem derrubar nenhum. No trajeto derrubou 3. Quantos cones ficaram em pé?

_____ – _____ = _____

Resposta: _____

Tabuada de subtração de 1 a 5

Cálculo mental

9 – 4 = ?

1	–	1	= 0
2	–	1	= 1
3	–	1	= 2
4	–	1	= 3
5	–	1	= 4
6	–	1	= 5
7	–	1	= 6
8	–	1	= 7
9	–	1	= 8
10	–	1	= 9

2	–	2	= 0
3	–	2	= 1
4	–	2	= 2
5	–	2	= 3
6	–	2	= 4
7	–	2	= 5
8	–	2	= 6
9	–	2	= 7
10	–	2	= 8
11	–	2	= 9

3	–	3	= 0
4	–	3	= 1
5	–	3	= 2
6	–	3	= 3
7	–	3	= 4
8	–	3	= 5
9	–	3	= 6
10	–	3	= 7
11	–	3	= 8
12	–	3	= 9

4	–	4	= 0
5	–	4	= 1
6	–	4	= 2
7	–	4	= 3
8	–	4	= 4
9	–	4	= 5
10	–	4	= 6
11	–	4	= 7
12	–	4	= 8
13	–	4	= 9

5	–	5	= 0
6	–	5	= 1
7	–	5	= 2
8	–	5	= 3
9	–	5	= 4
10	–	5	= 5
11	–	5	= 6
12	–	5	= 7
13	–	5	= 8
14	–	5	= 9

Atividade

1 Conte os animais e complete as subtrações com os números correspondentes a cada quantidade.

a) _____ — _____ = _____

b) _____ — _____ = _____

c) _____ — _____ = _____

d) _____ — _____ = _____

Problemas de subtração
Atividades

1 Malu comprou 3 cocadas. Comeu 1. Com quantas cocadas Malu ficou?

_____ – _____ = _____

Resposta: _____

2 Tito estava levando 8 ovos para a avó. No caminho tropeçou e 4 ovos quebraram. Com quantos ovos Tito ficou?

_____ – _____ = _____

Resposta: _____

3 Lari e Vítor tinham juntos 9 figurinhas repetidas. Foram jogar e perderam 2 figurinhas. Com quantas figurinhas eles ficaram?

_____ – _____ = _____

Resposta: _____

4 O irmão de Malu tem 9 anos e ela tem 6. Qual é a diferença de idade entre eles?

_____ – _____ = _____

Resposta: _____

Havia 9 biscoitos no prato. Tito e Malu comeram 8 biscoitos.
Quantos biscoitos sobraram?

$9 - 8 = 1$ ou

$$\begin{array}{r} 9 \\ -\ 8 \\ \hline 1 \end{array}$$

Atividades

1 Resolva as subtrações.

a) $\begin{array}{r} 4 \\ -\ 4 \\ \hline \end{array}$
b) $\begin{array}{r} 2 \\ -\ 0 \\ \hline \end{array}$
c) $\begin{array}{r} 5 \\ -\ 1 \\ \hline \end{array}$
d) $\begin{array}{r} 3 \\ -\ 2 \\ \hline \end{array}$
e) $\begin{array}{r} 5 \\ -\ 3 \\ \hline \end{array}$

2 Resolva o diagrama de palavras.

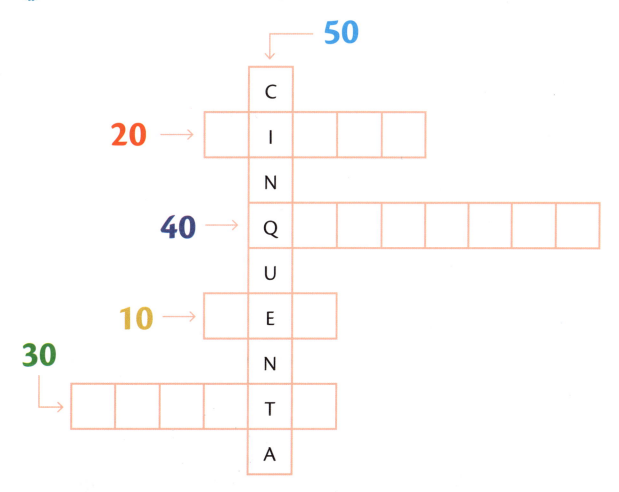

Construção do conceito de dezenas exatas de 60 a 70

Atividades

1 Observe o quadro e continue a atividade.

Dezena	Unidade
I←	⟮‖‖‖‖‖‖⟯
I←	⟮‖‖‖‖‖‖⟯
I←	⟮‖‖‖‖‖‖⟯
I←	⟮‖‖‖‖‖‖⟯
I←	⟮‖‖‖‖‖‖⟯
I←	⟮‖‖‖‖‖‖⟯
6	**0**

60 unidades

Lê-se: SESSENTA.

Dezena	Unidade
I←	⟮‖‖‖‖‖‖⟯
I←	⟮‖‖‖‖‖‖⟯
I←	⟮‖‖‖‖‖‖⟯
I←	⟮‖‖‖‖‖‖⟯
I←	⟮‖‖‖‖‖‖⟯
I←	⟮‖‖‖‖‖‖⟯
I←	⟮‖‖‖‖‖‖⟯
7	**0**

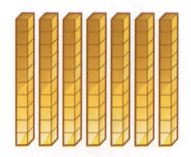

70 unidades

Lê-se: SETENTA.

2 Complete a sequência com os números, do menor para o maior.

51	52			55	56			59	
		63				67			70

Tabuada de subtração de 6 a 10

Cálculo mental

12 − 9 = ?

6	−	6 =	0
7	−	6 =	1
8	−	6 =	2
9	−	6 =	3
10	−	6 =	4
11	−	6 =	5
12	−	6 =	6
13	−	6 =	7
14	−	6 =	8
15	−	6 =	9

7	−	7 =	0
8	−	7 =	1
9	−	7 =	2
10	−	7 =	3
11	−	7 =	4
12	−	7 =	5
13	−	7 =	6
14	−	7 =	7
15	−	7 =	8
16	−	7 =	9

8	−	8 =	0
9	−	8 =	1
10	−	8 =	2
11	−	8 =	3
12	−	8 =	4
13	−	8 =	5
14	−	8 =	6
15	−	8 =	7
16	−	8 =	8
17	−	8 =	9

9	−	9 =	0
10	−	9 =	1
11	−	9 =	2
12	−	9 =	3
13	−	9 =	4
14	−	9 =	5
15	−	9 =	6
16	−	9 =	7
17	−	9 =	8
18	−	9 =	9

10	−	10 =	0
11	−	10 =	1
12	−	10 =	2
13	−	10 =	3
14	−	10 =	4
15	−	10 =	5
16	−	10 =	6
17	−	10 =	7
18	−	10 =	8
19	−	10 =	9

Construção do conceito de dezenas exatas de 80 a 90

Atividades

1 Observe o quadro e continue a atividade.

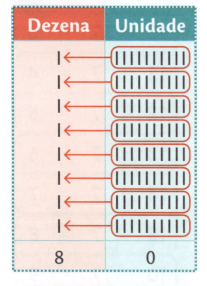

Dezena	Unidade
8	0

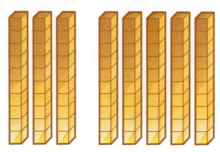

80 unidades

Lê-se: OITENTA.

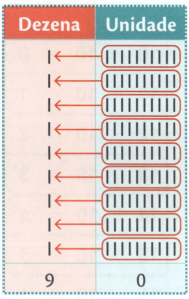

Dezena	Unidade
9	0

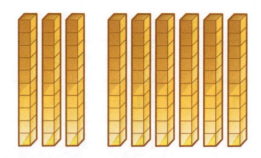

90 unidades

Lê-se: NOVENTA.

2 Efetue as subtrações.

a)
$$\begin{array}{r} 7 \\ -\ 5 \\ \hline \end{array}$$

b)
$$\begin{array}{r} 9 \\ -\ 5 \\ \hline \end{array}$$

c)
$$\begin{array}{r} 6 \\ -\ 3 \\ \hline \end{array}$$

d)
$$\begin{array}{r} 8 \\ -\ 1 \\ \hline \end{array}$$

e)
$$\begin{array}{r} 5 \\ -\ 4 \\ \hline \end{array}$$

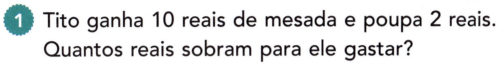

1 Tito ganha 10 reais de mesada e poupa 2 reais. Quantos reais sobram para ele gastar?

Resposta: _____

2 Malu poupou 3 reais da mesada e sobrou mais 1 real das despesas desta semana. Quanto Malu economizou ao todo?

Resposta: _____

3 Lari e Vítor foram lanchar. Lari comprou um suco por 2 reais e Vítor comprou um sanduíche por 3 reais. Quanto eles gastaram?

Resposta: _____

Construção do conceito de multiplicação

Atividade

1 Malu está trocando as roupinhas de sua boneca Lila. Observe:

- Quantas?

 ☐    ☐

- Agora, desenhe quantos conjuntos diferentes de roupinhas você pode fazer para a boneca Lila.

☐

- Quantos conjuntos você fez? ☐

Problemas de multiplicação

Atividades

1 Tito estava brincando com seus carrinhos. Observe:

- Quantos?

- Quantas rodas tem um carro?

- Agora, desenhe a quantidade de rodas de cada carro que o Tito tem.

- Quantas rodas têm os dois carros juntos?

2 Malu está resfriada. Ela precisa tomar 2 colheres de xarope 3 vezes ao dia.

a) Desenhe a quantidade de colheres de xarope que Malu vai tomar.

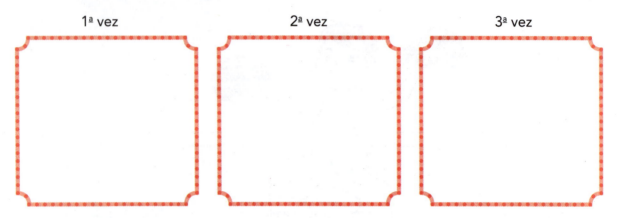

1ª vez   2ª vez   3ª vez

b) Agora, escreva o número de colheres de xarope que Malu precisa tomar.

3 Vítor é craque em jogar figurinhas. Em toda partida que joga, ganha 2 figurinhas. Hoje de manhã Vítor jogou 4 vezes e teve muita sorte.

a) Desenhe a quantidade de figurinhas que Vítor ganhou em cada partida.

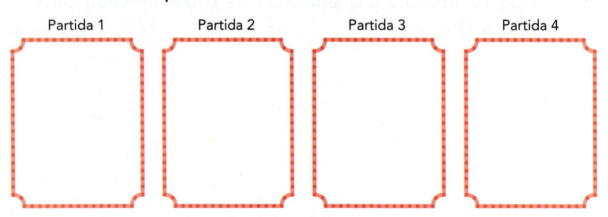

Partida 1   Partida 2   Partida 3   Partida 4

b) Agora, escreva o número de figurinhas que Vítor ganhou.

Tabuada de multiplicação de 1 a 5

Cálculo mental

1 × 1 = 1		2 × 1 = 2
1 × 2 = 2		2 × 2 = 4
1 × 3 = 3		2 × 3 = 6
1 × 4 = 4		2 × 4 = 8
1 × 5 = 5		2 × 5 = 10
1 × 6 = 6		2 × 6 = 12
1 × 7 = 7		2 × 7 = 14
1 × 8 = 8		2 × 8 = 16
1 × 9 = 9		2 × 9 = 18
1 × 10 = 10		2 × 10 = 20

3 × 1 = 3	4 × 1 = 4	5 × 1 = 5
3 × 2 = 6	4 × 2 = 8	5 × 2 = 10
3 × 3 = 9	4 × 3 = 12	5 × 3 = 15
3 × 4 = 12	4 × 4 = 16	5 × 4 = 20
3 × 5 = 15	4 × 5 = 20	5 × 5 = 25
3 × 6 = 18	4 × 6 = 24	5 × 6 = 30
3 × 7 = 21	4 × 7 = 28	5 × 7 = 35
3 × 8 = 24	4 × 8 = 32	5 × 8 = 40
3 × 9 = 27	4 × 9 = 36	5 × 9 = 45
3 × 10 = 30	4 × 10 = 40	5 × 10 = 50

Construção do conceito de centenas exatas

Atividades

1 Observe o quadro e continue a atividade.

Centena	Dezena	Unidade
I {		
1	0	0

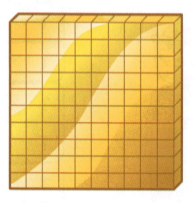

100 unidades

Lê-se: CEM.

_____

2 Escreva por extenso os números a seguir.

a) 23 _____

b) 41 _____

c) 52 _____

d) 67 _____

e) 78 _____

f) 86 _____

g) 94 _____

Construção do conceito de divisão

Atividade

1 Malu e Tito deram aos amigos Vítor e Lari uma caixa de bombons para que eles a dividissem igualmente entre si.

- Quantos?

- Quantas?

- Agora, faça um desenho que mostre como você pode dividir os bombons igualmente entre Vítor e Lari.

- Quantos bombons cada um recebeu?

Problemas de divisão
Atividade

1 A avó de Malu fez 9 vestidinhos para as 3 bonecas da neta. Malu quer dividir esse número igualmente entre as 3 bonecas.

■ Quantos?

■ Quantas?

■ Faça um desenho que mostre como você vai dividir os vestidos para as 3 bonecas.

■ Quantos vestidos ficaram para cada boneca?

Tabuada de divisão de 1 a 5

18 ÷ 2 = ?

1 ÷ 1 = 1	2 ÷ 2 = 1	
2 ÷ 1 = 2	4 ÷ 2 = 2	
3 ÷ 1 = 3	6 ÷ 2 = 3	
4 ÷ 1 = 4	8 ÷ 2 = 4	
5 ÷ 1 = 5	10 ÷ 2 = 5	
6 ÷ 1 = 6	12 ÷ 2 = 6	
7 ÷ 1 = 7	14 ÷ 2 = 7	
8 ÷ 1 = 8	16 ÷ 2 = 8	
9 ÷ 1 = 9	18 ÷ 2 = 9	
10 ÷ 1 = 10	20 ÷ 2 = 10	

3 ÷ 3 = 1	4 ÷ 4 = 1	5 ÷ 5 = 1
6 ÷ 3 = 2	8 ÷ 4 = 2	10 ÷ 5 = 2
9 ÷ 3 = 3	12 ÷ 4 = 3	15 ÷ 5 = 3
12 ÷ 3 = 4	16 ÷ 4 = 4	20 ÷ 5 = 4
15 ÷ 3 = 5	20 ÷ 4 = 5	25 ÷ 5 = 5
18 ÷ 3 = 6	24 ÷ 4 = 6	30 ÷ 5 = 6
21 ÷ 3 = 7	28 ÷ 4 = 7	35 ÷ 5 = 7
24 ÷ 3 = 8	32 ÷ 4 = 8	40 ÷ 5 = 8
27 ÷ 3 = 9	36 ÷ 4 = 9	45 ÷ 5 = 9
30 ÷ 3 = 10	40 ÷ 4 = 10	50 ÷ 5 = 10

Problemas de divisão

Atividades

1 Malu está ajudando a mãe a preparar a sobremesa. Ela tem 12 cerejas para dividir igualmente em 4 taças de sorvete.

a) Faça um desenho que mostre como Malu vai dividir as cerejas.

b) Agora registre quantas cerejas ficaram em cada taça. ☐

2 Tito possui uma coleção com 15 carrinhos de corrida. Ele quer distribuí-los igualmente em 3 caixas.

a) Faça um desenho que mostre como Tito vai distribuir os carrinhos igualmente em 3 caixas.

b) Registre o número de carrinhos que ficará em cada caixa. ☐

Material Dourado

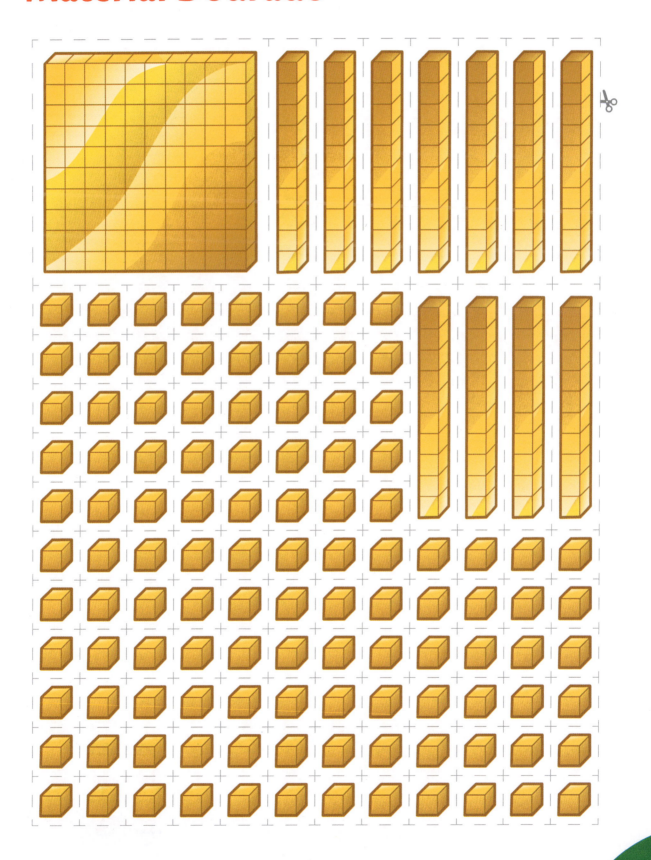

COLAR

Material Dourado

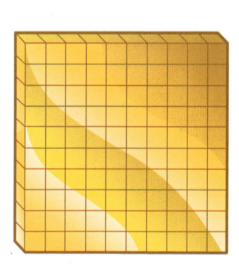

COLAR